献给最亲爱的 _____ 。

图书在版编目（ＣＩＰ）数据

超人，注意安全！：逃离危机，安全最重要 ／（韩）
朴贤淑著；金美玲译. — 南京：江苏少年儿童出版社，
2014.2

（小学生活没烦恼系列）

ISBN 978-7-5346-8180-6

Ⅰ. ①超… Ⅱ. ①朴… ②金… Ⅲ. ①安全教育－儿
童读物 Ⅳ. ① X956-49

中国版本图书馆CIP数据核字（2014）第009962号

合同登记号：图字10-2013-265号

**Emergency Escaped! Kim Do-min**

Text Copyright © 2012 by Park Hyun-sook

Illustrations Copyright © 2012 by Kyung Ha

Simplified Chinese translation copyright © 2014 Phoenix Juvenile and Children's Publishing, LTD

This China translation is arranged with Truebook Sinsago Co., Ltd. through Agency Liang

书　　名　小学生活没烦恼系列
　　　　　——超人，注意安全！：逃离危机，安全最重要

版权策划　吴小红
责任编辑　张　亮　朱其娣
装帧设计　徐　劼
出版发行　凤凰出版传媒股份有限公司
　　　　　江苏少年儿童出版社
苏少地址　南京市湖南路１号Ａ楼　邮编：210009
经　　销　凤凰出版传媒股份有限公司
印　　刷　南京精艺印刷有限公司
开　　本　718×1000 毫米　1/16
印　　张　4
版　　次　2014 年 4 月第 1 版　　2014 年 4 月第 1 次印刷
书　　号　ISBN　978-7-5346-8180-6
定　　价　15.00 元

# 超人，注意安全！

## 逃离危机，安全最重要

朴贤淑〔韩〕/著　灵河〔韩〕/绘　金美玲/译

江苏少年儿童出版社

# 我绝对不会受伤的！

道敏耸了耸肩膀，张开了双臂。

镜子里的道敏和动画电影里的超人一模一样。

"哈哈哈……"

道敏满足地大笑起来，他今天一定会成功的。

"咕噜噜、咣当当、嗡嗡、哼哈！"

道敏喊着咒语，从桌子上跳了下来。

咣当！

道敏这一跳，屁股先重重地落地，脑袋随后向后翻了过去。

正在准备早饭的妈妈连忙跑了过来。

"你又模仿超人了？没受伤吧？"

道敏双手护着屁股，凸出来的尾骨被撞得好疼呀。

"哼！我一点儿都不疼。"

道敏装作不疼，还逞能说着大话。

"真受不了你！"

妈妈吼了一句。

哎，今天应该会成功的呀，难道是咒语念错了？

"咕噜噜、咣当当、嗡嗡、哼哈！"

明明和超人从高处跳下来时说的咒语一样，没错啊，真奇怪。

"前几天差点儿受伤，你这么快就忘了吗？"

妈妈双眼用力瞪着道敏说。

差点受伤？开玩笑，不可能的事儿！

超人在动画电影跑得可快啦，气儿都不喘。走路五分钟的距离，他一秒钟就能跑完。道敏觉得自己也可以达到这个速度。

"咕噜噜、咣当当、嗡嗡、哼哈！"

道敏嘴里念着超人快跑时的咒语，从楼梯口直接冲向了大马路。

"嘀嘀嘀——"

马路上的汽车发出好大的声音，好不容易急刹车停了下来。道敏吓得瘫坐在地上，他被直接送到了医院。

"幸好没受伤。"

听到医生的话，道敏心情变得更好了，因为他觉得自己赢过了汽车。怎么能说是差点受伤呢？绝对不是啦！

　　"走路小心点儿，别乱跑，也别淘气，听到没？拜托你不要再模仿超人啦。"

　　妈妈一直跟到电梯间，说完了又说。

　　"在学校走路也老实点儿，不要撞到其他小朋友。"

　　妈妈唠唠叨叨一直持续到电梯关门为止。

　　哎，妈妈担心什么呀，道敏是绝对不会受伤的。

　　道敏在校门口遇见了同桌娜美。

　　"道敏！"

　　娜美高兴地挥了挥手。

　　"娜美。"

道敏像一股疾驰的风一样迅速来到娜美身边。道敏很喜欢娜美，他觉得娜美是最漂亮、最善良的女孩儿。不料，走在道敏后面的小朋友，因为被道敏的书包绊到，差点摔跤。

　　"我妈妈告诉我，不可以在路上乱跑的哦……"

　　娜美担心地说。

　　"没关系啦。"

　　道敏眯起一只眼睛笑嘻嘻地说。

　　道敏决定在娜美面前表现出一副勇敢的样子。如果自己既勇敢，又帅气，娜美可能也会欣赏自己。

7

放学时间到了，小朋友们牵着同桌的手，跟在老师后面整齐地排着队，看起来可真像是一群小鸡紧紧地跟着鸡妈妈。

穿过操场，快到校门口的时候，道敏突然想出一个不错的点子。

"娜美，你好好看哦。"

道敏深呼吸了一口气说。

"咕噜噜、咣当当、嗡嗡、哼哈！"

道敏张开双臂，奋力向前跑。他气都不喘，就像风一样。道敏想到娜美会用惊奇的眼神看着自己，心里就开始暗暗得意。

走出校门就是下坡，道敏在下坡路段也奋力奔跑着。

"哎呀呀！"

跑过下坡就是汽车疾驰的大马路。道敏为了停住脚步，双腿用足了力，但是怎么都停不下来。

"嘀嘀嘀——嘀嘀嘀——"

一辆大卡车在道敏前面好不容
易停了下来。道敏瘫坐在地上，心脏
"砰砰砰"直跳。

"怎么样？没事儿吧？"

学校保安科的爷爷被吓了一大跳，他连忙跑过来，把道敏
抱到马路的外侧。

"道敏，没受伤吧？"

老师脸色苍白，也迅速跑了过来。

"嗯，没、没关系。"

娜美和同学们也在旁边担心地看着道敏。

10

"我没关系，一点儿都没受伤。"

道敏从保安科爷爷怀里挣脱出来，拍了拍身子。

"哎呀，这算什么，下次我一定能跑到马路对面。"

道敏大声说。

"瞎说什么！"

保安科爷爷跺着脚严肃地说。但是他再怎么教训道敏也没有用，因为道敏已经决定下次要在娜美面前展示出更勇敢的一面。

## 今天都怪屁股

娜美悄悄地在道敏手里放了一块葡萄糖果。

道敏的心脏"扑通、扑通"跳得好快，脸一下红到了脖子根。娜美肯定是因为看见他勇敢帅气的样子，喜欢上了他。

"嘿嘿嘿……"

道敏忍不住笑了出来，他用力咬着糖果，因为觉得这样才会显得更加充满活力。

然后道敏又仔细想了想，该怎样在娜美面前展现出更帅气的样子呢？

午饭时间，道敏和娜美一起去了食堂。

"一点点，一点点就好。"

东秀不爱吃藕片，所以只要了两片。看着东秀哭哭啼啼的样子，道敏觉得东秀就像个小孩儿。

"多给点，再多给点。"

道敏要了十几片藕片，黄豆也要了很多，就连不爱吃的辣白菜也要了很多。

"米饭也多盛点。"

道敏的餐盘里盛满了饭菜，菜的汤汁都快要溢出来了。他觉得娜美看到他的饭量，一定会很惊讶。

"我能都吃完吗？"

道敏其实也有点担心，但是他下定决心要吃完，因为娜美在旁边看着呢。

15

"哇，这么多，你都能吃完吗？"

娜美睁大了眼睛。

"当然啦，我吃得多，而且不挑食，跑步也快，力气也大。"

说完道敏用一只手托住了盛满饭菜的餐盘，他想展示一下自己的力气。

"这点小意思不算什么啦，一点儿都不重，我力气很大哦。"

谁说不重？举着餐盘的那只胳膊都酸死啦，可是道敏还在逞能。

16

道敏轻飘飘地走着。他看着娜美那吃惊的表情，心里好高兴。他还故意扭起了屁股，看起来好像真的一点都不重。

"小心点儿啊。"

娜美担心地说。

"没关……"

道敏的身体突然开始摇晃，重心怎么都把握不住。

"啊！"

道敏餐盘里的饭菜全都洒到了地上。

"哼哼……呜呜呜……"

道敏不知不觉哭了出来，这时，他的眼神正好和娜美对视了一下，这才强忍着没有让眼泪再掉下来。

"哎哟，怎么办啊？没烫伤吧？"

正好到食堂的保安科爷爷看见这个小事故，匆忙跑了过来，老师也飞奔而来。

保安科爷爷赶紧帮道敏脱掉袜子，清理了他脚背上的食物。万幸的是汤汁不是很烫，道敏的脚没有被烫伤。

道敏也吓得心脏快要爆炸了。

"拿餐盘的时候要用双手，走路也要小心。不好好拿餐盘就会受伤，还可能撞到其他同学，引起不必要的麻烦。"

老师一边收拾地上的食物，一边批评道敏。

"等等，你不是昨天乱跑到马路上的那个男孩儿吗？"

保安科爷爷认出了道敏。爷爷的声音好大，整个食堂都好像在震动。食堂里的同学们都看着道敏，道敏觉得有点丢人了。

"哎哟，这样会出大事儿的，啧啧。"

保安科爷爷不停地说。

"能出什么大事儿？我绝对不会受伤。"道敏仍然没有改变他的想法。

"我今天是因为屁股扭得太厉害了，所以才会摔倒，可不是因为没力气哦。下次吃午饭的时候我给你展示更神奇的绝活儿，用两根手指托住餐盘！"

道敏大声对娜美说。

# 可怕的大树

上学的路上，道敏在文具店前面看见了娜美。娜美今天又给了道敏一块糖，这次比上次好像更大、更坚硬。

"我可以用牙一口咬碎这块糖哦，想看吗？"

道敏把糖放进嘴里，睁大眼睛说。

"不行，小心牙会受伤。"

娜美劝道敏不要那么做。

"我不会受伤啦。"

22

道敏用力咬着糖，可是糖似乎比想象中更坚硬。道敏的牙都快要碎了，可是糖在嘴里还是一动不动。昨天的糖一下就咬碎了，今天怎么不行了呢？

　　"没关系吧？没流血吧？"

　　娜美担心地问道。

　　"我的牙是天下无敌超人牙，哈哈！"

　　道敏更用力地咬紧了牙，糖终于碎了。

　　"嘿嘿，都说很容易咬碎了。"道敏得意地拍了拍自己胸脯。可是，他的牙好痛，痛得眼泪都快流出来了。

23

道敏正要走进校门，突然看见校门旁的大树边聚集着一群同学。

　　"发生什么事情啦？"

　　道敏拉着娜美的手，大步朝大树边走去。

　　"也就是说，绝对不能爬那棵树。"

　　保安科爷爷指着校门旁边的大树说。

　　"爬上那棵树，真的会发生不好的事情吗？"

　　东秀抬头好奇地问爷爷。

　　"当然啦，有一次一个孩子利用树枝荡秋千，然后就发生了不好的事情。"

　　保安科爷爷摇了摇头，严肃地说。

　　道敏看着那棵庞大的树，他稍稍踮起脚尖，便轻易碰到了树枝。道敏心想，要是能在这样大而挺拔的树上荡秋千，该是多么幸福的事儿呀！于是，他暗下决心，哪天一定要这么玩一次。

25

"或许树上生活着怪物？又或许有鬼？"

"啊，好可怕！"

听东秀这么一说，大家都害怕得大叫起来。

"这个嘛……"

保安科爷爷把食指放在嘴边，偷偷看了一眼大树。同学们说话声音也变小了，大家情不自禁地缩了缩身体。

"孩子们，你们听说过能变成人的狐狸吗？就像九尾狐一样。"

保安科爷爷小心翼翼地说。

"知道。"

大家小声地回答。

"那棵大树里……"

保安科爷爷突然暂停说话，咽了一下口水。

大家一起跟着咽了一口口水。

"那棵树上……有一只不知道从哪里来的千年虫，那可是能变成人的千年虫哦。"

27

"真、真的吗？就像九尾狐一样？"

东秀仰着头继续问道。

"对呀，不过那只千年虫非常讨厌别人动它的树枝，尤其讨厌那些拽着它的树枝荡秋千的孩子。所以只要有那样的孩子出现，千年虫就会现身，目的就是吓跑孩子。"

大家又咽了一口口水。

"然后还有一件真的、真的非常重要的事情……"

保安科爷爷又降低了说话的音调。

"凡是看见怪物虫子的人，身上都会发生不好的事情。"

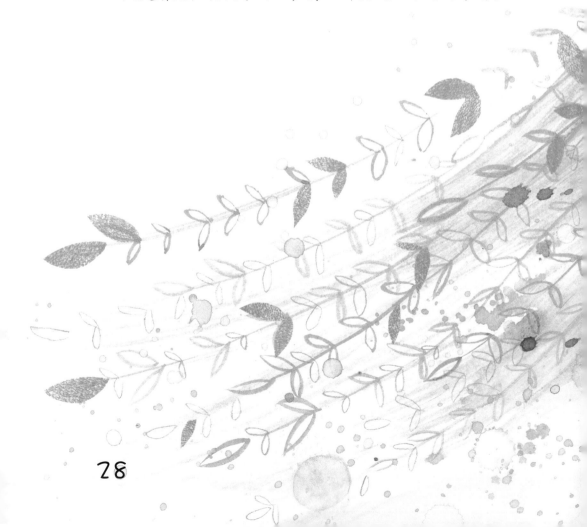

29

"好可怕！"

东秀吓得全身都在颤抖。

"太可怕啦！"

娜美也缩着身体，偷偷瞄了一眼可怕的大树。道敏其实也很害怕，但是他不能让娜美觉得他是个胆小鬼。

"切，一只虫子有什么可怕的？发生不好的事情是指什么呢？"

道敏问保安科爷爷，他极力使自己表现出若无其事的样子。

"什么呀？什么呀？"

大家都跟着道敏追问爷爷。

30

"这个嘛，比如被车撞啦、摔得头部流血啦、被热水烫伤啦等等。"

保安科爷爷表情严肃，看来真不像在说谎。

32

"那个荡秋千的孩子，他身上发生什么坏事了呢？"

道敏强忍着恐惧问道。

"那个孩子看见怪物千年虫以后，第二天就摔跤啦，膝盖还缝了五针呢。好了，大家快进教室吧，记住，千万不要拽着树枝荡秋千哦！"

保安科爷爷挥手说道。大家都因为太害怕，所以选择避开大树，朝教室方向走去。

这棵大树真的好阴森呀，这么一看，那些垂下来的树枝就像是倒挂着的千年虫的脚。

"好恐怖呀！"

娜美寸步不离地跟着道敏。

"不就是只虫子嘛，有什么可怕的？我一点都不害怕。"

道敏又说大话了，可是他心里却想一定要远离那棵大树。

# 千年虫现身啦!

上完体育课就放学了，大家都在换鞋准备回家。因为是一年级新生，动作还不太熟练，所以大家只能自己尝试慢慢穿鞋。

道敏用手掌心擦了擦运动鞋，超人的卡通图案在运动鞋上显得分外耀眼。

"我妈妈给我新买的运动鞋。我和超人是不是很像呀？"

道敏向娜美炫耀自己的运动鞋。

"嗯，眼睛和嘴巴有点儿像。"

　　"对吧？超人从高空跳下来能稳当当地站住，还能像风一样疾驰。他在动画电影里还像鸟儿一样飞起来了呢。'呜啦啦、呼啦啦、飞飞飞、哇哈！'这是超人起飞时念的咒语。我也能像超人一样飞起来哦。"

　　道敏像马上就要飞了似的，展开双臂"呼哧、呼哧"地扇起来。

　　"人是飞不了的，又不是鸟儿，更不是飞机啊。"

　　娜美反驳道敏。

　　"不是啦，我可以飞。我飞给你看哦。呜啦啦、呼啦啦、飞飞飞、哇哈！"

35

就在这时候，走在队伍前面的老师回头了。

"道敏，好好排队。你是不是又想惹麻烦呀？"

"没有啦。"

道敏摇了摇头。

"等我跑起来快到看不见腿的时候就能飞啦。我一会儿表演给你看哦。"

道敏悄悄对娜美说。

"没人跑步能快到看不见腿的程度，而且跑和飞是不一样的。"

娜美一点儿都不相信。

"你怎么不相信我的话呢?"

道敏觉得娜美的话伤了他的自尊心。

"过马路的时候一定要仔细观察红绿灯,俩俩牵手过去,不要在外贪玩,早点回家。"

到了校门口老师还不忘多叮嘱几句,虽然他每次放学的时候说的话总是一样。

直到老师走进教室,道敏一直牵着娜美的手。

"你仔细看好，到底能不能看清我的腿。"

老师刚进教室，道敏就跑回操场中间，随后又快速跑向校门。不知道是不是因为穿了超人运动鞋，道敏好像真的要飞起来了似的。

"哎哟！"

跑到校门口的道敏敏捷地抓住了垂下的树枝，他真的飞起来啦！

"看见了吧？我……飞了啦！"

道敏抓着树枝兴奋地看着娜美。

"道、道、道敏……"

娜美急得都快要哭了。

"哇，快去那里看看！"

不知是谁叫了一声，文具店前面的同学都跑了过来，包括东秀。

"道敏要出大事啦！"

东秀仰着头说。

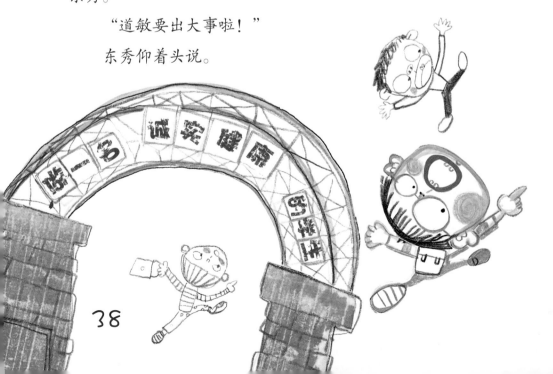

"哎呀，怎么办？我完全忘了千年虫！"

道敏马上放下树枝，从树上跳了下来，屁股"扑通"一声坐到地上，好痛呀，可是现在这不是首要问题。

"有可能会撞车啊。"

东秀说道。

"也许膝盖要缝针吧。"

有人又说了一句。

"如果被热水烫伤，或许还要做手术，真恐怖。"

东秀身体不禁哆嗦起来。

啊，这可怎么办呀？道敏坐在地上吓得"哇"的一声大哭起来。

"道敏，你看见怪物千年虫了吗？"

娜美连忙扶起道敏，问道。道敏哭着朝大树看了看，可是阳光太刺眼。道敏闭上眼睛后，又看了一眼大树。

"啊！"

这时树枝缝隙间突然出现一个黑色的不明物体，但很快又消失了。虽然很短的时间，但是道敏确实看到了，它的眼睛像猫头鹰，放射出红色的光，还有……

"呜呜呜呜！"

道敏的哭声更大了，他懊恼地捂住了头。

千年虫的嘴巴好大，延伸到了耳朵下面，张开时就像乌黑的洞窟一样。道敏这么大的小孩儿，它一口就能吞下去。

再怎么求它好像也没用，就算哭着喊着也没用，因为千年虫看起来一点都不友好。

"哎哟，哎哟……"道敏哭着。

保安科爷爷不知什么时候过来了，他看着伤心的道敏，在旁边叹着气。

# 一定要小心！

道敏因为太害怕，最近都不敢出门，而且他的担心就像气球一样越来越膨胀，随时都有爆炸的可能。

"快迟到啦，赶紧出发吧。"

不了解情况的妈妈催促着道敏。

"妈妈，要想不被汽车撞上，应该怎么做呢？"

道敏问妈妈。

"过马路的时候仔细观察左右两边。"

"不想摔倒受伤呢？"

"不能从高处跳下来，上下台阶的时候也要小心。"

"不想膝盖缝针呢？"

"走路小心点儿，不摔倒就可以啦。走路的时候不要玩耍，避免撞到路人，靠右行走。可是你今天好奇怪哦，为什么突然问起这些呢？"

妈妈按了电梯，她疑惑地看着道敏。

"被热汤或热水烫伤呢，会很痛吗？"

"当然啦，会很烫，非常痛。怎么了？"

"没什么。"

这时候电梯门快关上了。

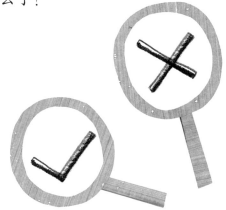

观察左边和右边，慢慢行走。

横冲直撞，过马路。

吱！

靠右慢慢上楼。

走"之"字形。

吹一吹，慢慢喝。

呼！呼！

咕嘟咕嘟大口地喝。

咕嘟咕嘟

45

1000岁？

"妈妈。"

道敏按下开门按键，叫了声妈妈。

"千年虫一定不会饶恕我了吧？"

道敏哽咽着说。妈妈眨着眼睛，耸了耸肩，她听不懂道敏

在说什么。

"还有能活到一千岁的虫子啊？"

妈妈想了好一会儿，问道。道敏重重地叹了口气，眼泪"哗哗"地流了出来。

但是道敏很快又振作了精神，就好像怪物千年虫那可怕的眼睛又出现在他面前一样。他系好了有点松的鞋带，刚刚随意背着的书包，也背正了。

47

道敏站在人行道面前感觉好紧张呀，他睁大眼睛盯着红绿灯。

　　"嘀嘀嘀——"

　　红灯变成了绿色。道敏确认汽车都停下以后，开始慢慢穿过马路，当然他也没有忘记举手。

　　"呼、呼！"

　　好紧张，刚过完马路，道敏就不由得舒了口气。

　　"咦，是娜美。"

　　娜美正好走在前面。

　　"娜美！"

　　道敏高兴地追了过去。

　　突然他被前面的同学绊了一脚，身体开始摇晃。

"不能摔倒呀！"

道敏吓得脸色有些发白，双腿一用力，身体这才停了下来。呼，差一点儿就像青蛙一样栽跟头了。那样膝盖可能就会受伤，不对，是脑袋受伤也不一定。

"道敏，没事儿吧？"

保安科爷爷在校门口问道。

"我今天走路可小心啦。"

道敏撅着嘴说。那表情，就像不明白为什么自己身上会发生那么可怕的事情一样。

午饭时间去食堂的时候，道敏走得很慢，并且老老实实地靠右走。

"嘿嘿，道敏，你是不是害怕了呀？看我！"

东秀在道敏面前神气十足，他爬上走廊的楼梯栏杆，玩起了滑滑梯。

"看起来是不是很好玩呀？我没看见怪物千年虫，我不怕哦。啊啊……"

东秀和对面的同学撞了头。

虽然没有摔倒，但是应该很痛。

"啧啧啧……"道敏看着东秀，叹了口气。

道敏今天只要了自己能吃完的分量，汤也没洒出来。娜美看着道敏，开心地笑了。

　　道敏用双手托着餐盘，来到了自己的位置。

　　"炸猪排我多要了一块。"

　　娜美把炸猪排放在了道敏的餐盘里。

　　"没有发生什么事情吧？"

　　保安科爷爷又看见了道敏，关心地问道。

"道敏今天没有做任何危险的动作哦。"

娜美替道敏回答了。

"是吗？不错。看来怪物千年虫真的很可怕呀。"

保安科爷爷说。

"切，有什么可怕？我一点儿都不害怕哦。"

道敏又在说大话了。但是这次和平时不一样，因为他怕伤到牙，所以今天吃黄豆的时候也慢慢咀嚼着。

道敏平安地度过了一周。

"运动鞋的鞋带要系好，书包也要背正。"

道敏出门时自言自语地说道。

"进电梯后，就这样安静地站着。"

道敏按下一楼，随后将握着的双手放在了肚脐的前面，耐心地等待电梯门开，紧接着不慌不忙下了电梯。

"走路的时候不能乱跑，也不能玩耍。"

道敏又开始自言自语。他已经完全不是以前的他了，现在的道敏也不会故意用脚踢地上的石子。天哪，一周内，道敏变成了另外一个人。

"道敏！"

娜美在文具店门口叫了道敏。

"娜美！"

道敏挥着手，慢慢走了过去。

"哈哈，坏毛病现在都改掉了。"

保安科爷爷在校门口一直观察着道敏，会心地笑了笑。

"你过来一下。"

保安科爷爷挥着手跟道敏说。

"话说那个膝盖上缝针的男孩儿……"

保安科爷爷慈爱地看着道敏，道敏一动不动地站在那儿。

"嗯，他怎么了？"

"其实他和以前的你一样，喜欢乱跑，喜欢吊着大树枝。天天那样的话，会怎么样呢？"

"那样的话，就很容易受伤。"

道敏很随意地就说出了正确的答案。

"对的，多聪明的孩子呀！"

保安科爷爷夸奖了道敏。道敏听爷爷夸自己聪明，也高兴地笑了。

"其实那个男孩不是因为怪物千年虫，而是因为坏毛病才使膝盖受伤的。你不会再那样了吧？"

"放心，我不会啦。"

"好的，那以后也不要担心膝盖、脑袋会受伤啦，也不用担心会被烫伤。"

保安科爷爷突然停止讲话，冲着道敏微微一笑。

"改掉了坏毛病，现在就不会再发生不好的事情啦。以后你会开心度过每一天哦，知道了吗？"

保安科爷爷轻轻地抚摸着道敏。道敏转身看了看那棵映入眼帘的大树，哇，树顶上的阳光好耀眼呀。道敏闭上了眼睛，深呼吸。

"啊！"

这时候道敏确实看见了，那可怕的怪物眼睛变成了弯月，像保安科爷爷的微笑一样。原来是一只和蔼可亲的、微笑的虫子呀。

# 安全的脚印，危险的脚印

小朋友，和道敏一起探索安全的脚印和危险的脚印吧。

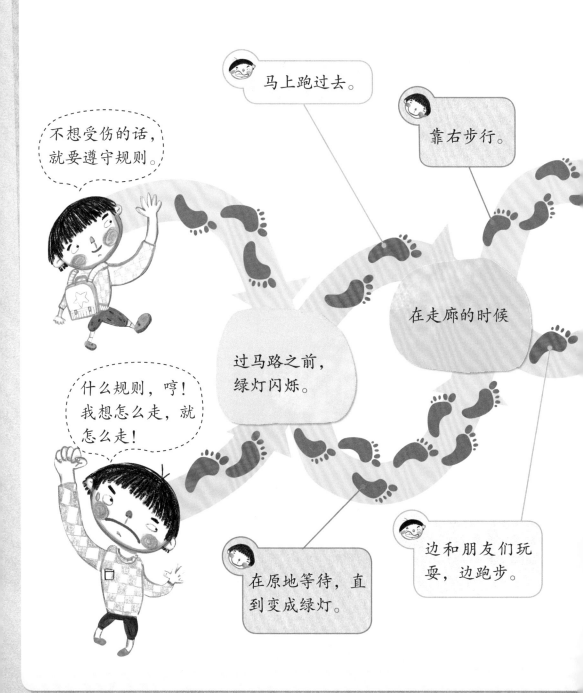

# 如果对孩子的入学感到担忧，不如这样试试看。

孩子即将读小学时，父母会陷入各种不安：孩子在学校能好好学习吗？遇到不会的问题，老师会批评孩子吗？孩子会不会被其他同学欺负……

现在读过幼儿园的小朋友，一般都能简单地识字了，所以没有语言基础的学生很少，另外，简单的加减法在幼儿园也都学习过。

对于刚入学的小朋友来说，接收的知识不会有太大问题，不过不同的生活态度会越来越明显。现在的孩子，大多为独生子女，他们在家里被视为"掌上明珠"，可是在学校，一位老师要照顾多名学生，不可能一对一关照。另外，站在孩子的立场，礼貌用语的使用、规定时间内到校、上课时不准来回走动而且要坐得端正等等，要适应这样一些规定，对于孩子而言，需要一段漫长的时间。

"小学生活没烦恼"系列图书的编辑室主任说："父母要从现在开始帮助孩子克服一种心态，即让孩子不对小学有恐惧感，并且要告诉孩子，上学是为了认识更多的好朋友，学校是实现自己梦想的乐园。"

父母要带即将上学的孩子去看一看学校的设施、设备、课堂，或者课外活动教室等，这对培养孩子的适应能力有着极大的帮助。最让孩子头疼的事情可能是上课期间要一直坐在座位上。当孩子还对长时间坐着听课这个规定不熟悉时，若没有与孩子事先说明任何原因，而强制地要求他们坐在座位上，这些办法都是行不通的。不如上第一节课前，家长向孩子讲解一下课堂上要遵守的基本礼节，并多鼓励孩子积极地参与到课堂中去。当然，课间是去洗手间并准备下一节课的时间，这个也要告诉孩子。在学校第一次见的老师，对孩子来说也非常重要，比起在幼儿园上课，小学的上课氛围比较严肃紧张，所以孩子很容易把老师想成非常可怕的样子。这时候，家长要让孩子明白，老师不是可怕的人，而是他们在学校的"爸爸"或者"妈妈"，可以充分信赖老师。

摘自《韩国经济日报》